Sonja Rockenbach

Die Entstehung der Donau und des Südwestdeutschen Schichtstufenlandes

GRIN Verlag

Bibliografische Information der Deutschen Nationalbibliothek:

Die Deutsche Bibliothek verzeichnet diese Publikation in der Deutschen National-
bibliografie; detaillierte bibliografische Daten sind im Internet über http://dnb.d-
nb.de/ abrufbar.

Impressum:

Copyright © 2010 GRIN Verlag GmbH
Druck und Bindung: Books on Demand GmbH, Norderstedt Germany
ISBN: 978-3-656-08482-2

Dieses Buch bei GRIN:

http://www.grin.com/de/e-book/183874/die-entstehung-der-donau-und-des-sued-
westdeutschen-schichtstufenlandes

Universität Koblenz – Landau
Campus Koblenz

Institut für integrierte Naturwissenschaften, Abteilung Geographie
Veranstaltung für Modul 3: Exkursion Südwestdeutschland 06.04. bis 10.04.2010

Sommersemester 2010
Abgabetermin: 29.01.2010

Die Entwicklung der Donau und des Südwestdeutschen Schichtstufenlandes

Fachwissenschaftliche Ausarbeitung von:
Sonja Rockenbach

Inhaltsverzeichnis

In der nachstehenden fachwissenschaftlichen Ausarbeitung wird die Schwäbische Alb mit ihrem eindrucksvollen Schichtstufengebiet, dessen geomorphologische und morphologische Entwicklung und die hydrologische Entwicklung der Donau, die entgegen der eigentlichen orographischen Vernunft verläuft, thematisiert.

1. Topographische Daten der Donau und der Schwäbischen Alb

Die Donau ist als Europas zweit längster Fluss bekannt und verbindet mit ihrem Verlauf, von West nach Ost, Westeuropa mit den aufstrebenden Ländern Südeuropas. Sie durchfließt die sechs Staaten, Deutschland, Österreich, Slowakei, Ungarn, Serbien und Rumänien und fungiert als Grenzfluss der Länder Kroatien, Bulgarien, Moldawien und Ukraine. Bei ihrem Verlauf entwässert die Donau große Gebiete der Nordschweiz und der Feldbergregion.
Von der Quelle im Schwarzwald bis zur Deltamündung bei Konstanza im Schwarzen Meer fasst die Donau eine Länge von 2.857 km mit einem Höhenunterschied von insgesamt 680 m. Über die Quellen ist man sich jedoch nicht einig, da es eine fürstliche, eine bürgerliche und eine Quelle von Geographen gibt. Auf Grund dessen variiert auch die Gesamtlänge. Sie hat eine Vielzahl von Nebenflüssen, wie zum Beispiel rechtsseitig Riß, Iller, Lech, Isar, Inn, Enns, Drau, Save und linksseitig Brigach, Blau, Wörnitz, Regen, Ilz und Kamp (Vgl. Maier D.: Die Donau. Die Schwäbische Alb von der Quelle bis Ulm; S.14ff).
Erdgeschichtlich betrachtet ist die Schwäbische Alb die jüngste und oberste Bau- und Landschaftseinheit des Südwestdeutschen Schichtstufenlandes. Ihre Schichtstufenfolge fällt jedoch nach Südosten hin flach ab. Mit einer Fläche von 5.500 km² bildet die Schwäbische und Fränkische Alb das größte Karstgebiet Deutschlands. Die Schwäbische Alb weist felsengekrönte Steilstufen mit einem stark gegliederten und verkarsteten Albtrauf auf. Dieser trennt die Albhochfläche von dem Albvorland und ist das höchste Stockwerk des hiesigen Schichtstufenlandes. Kennzeichnend für die Schwäbische Alb als Mittelgebirge sind die hellen Felsenkränze, die Zeugenberge, sowie die Laubwälder und zahlreichen Trockentäler, ebenso wie die welligen Kuppen und die gegensätzlichen ebenen Flächen. Besonders prägend sind die eindrucksvollen Karsterscheinungen wie Höhlen, Dolinen oder Wannen.
Im Osten ist die Schwäbische Alb durch die Fränkische Alb, im Westen durch Schweizer Jura (Randen und Klottgau), im Norden durch den Albanstieg, die erste Malmstufe, Zeugenberge und im Süden östlich von Sigmaringen durch die Donau begrenzt. Sie definiert sich zwischen Hochrhein und Ries bzw. zwischen Neckar und Donau. Im Nordosten grenzt das Mittelgebirge an das Nördlinger Ries.

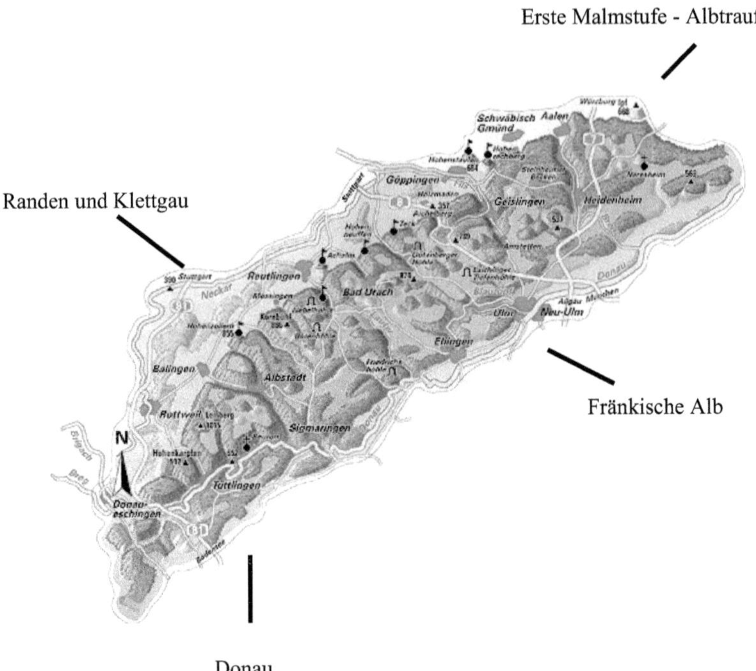

Abgeändert nach http://www.klett.de/sixcms/media.php/76/L476_1_Alb_Blockbild_ep.jpg *Januar 2010*

Das Mittelgebirge wird von Nordwesten nach Südosten in drei Bereiche gegliedert.

Beginnend mit der Schichtflächen Alb, die sich über den Albtrauf hinaus ausdehnt und eine wellige Hochebene aufweist, wird sie von zahlreichen Trockentalwannen durchzogen.

Als Stufenrand befindet sich folgend die Kuppenalb, an welcher Schichtquellen austreten. Bedeutend sind hier die vielen Härtlingskuppen aus stark verkarsteten, umgeschichteten Massenkalken. Der letzte Gliederungsbereich ist die Flächenalb, die zur Donau hin geneigt ist und ein flachwelliges Relief vorzeigt. Das letzte Glied des südwestdeutschen Schichtstufenlandes ist meist waldfrei und wie schon erwähnt stark verkarstet.

Lemberg und Plettenberg sind mit über 1.000 m über NN die höchsten Erhebungen der Schwäbischen Alb. Der Aach- und der Blautopf sind die größten Quellen der Alb und sie beinhalten eine der bedeutendsten Flussversickerungen. Weiterhin weist die Alb ein einzigartiges Fossilienaufkommen auf. Ein weiteres charakteristisches Merkmal ist zum einen der Vulkanismus im Gebiet der Mittleren Alb und zum anderen der Einschlag zweier Asteroiden auf der Ostalb.

Durch Erosionseinflüsse zerteilte sich die Hochebene, sodass man im Nordwesten einen sehr markanten Steilabfall als Grenze definieren kann, welcher als Albtrauf bezeichnet wird.

Für das Schichtstufengebiet ist der Wechsel von mechanisch hartem und weichem Gestein prägend. Das Gestein besteht vorwiegend aus hellen, fast reinen Kalken. Im Schwarzwald weist es als erste Schichtstufe hauptsächlich Bundsandstein auf. Die Schichtstufe setzt sich in Bayern als Fränkische Alb in Richtung Nordosten fort.

Die letzte Stufe der Schwarz-Braun Jura bildet hingegen das Vorland der Schwäbischen Alb.

Der Oberrheingraben mit einer Breite von 30 km und einer Länge von 300 km gilt als Mitteleuropas größte Grabenstruktur. Er ist Teil einer großen Grabenzone, welche vom Oslograben in Norwegen bis hin zur Rhônemündung reicht. (Vgl. Hanle, A.: Blickpunkte Baden-Württemberg. Meyers geographischer Führer zur Naturschönheiten; S.7ff.; Stiftung Landesgirokasse: Das Tal der Oberen Donau; S. 8ff)

Die Entstehungsgeschichte des Oberrheingrabens geht bis in das Alttertiär zurück. Er entstand als Dehnungsstruktur aus einer tektonischen Plattenverschiebung und einer daraus basierenden Aufwölbung des oberen Erdmantels. Mit der folgenden Absenkung bildete sich eine Heraushebung der heute umgebenden Hochschollen mit Schwarzwald, Vogesen, Odenwald und Haardt. Durch die Absenkung wurde das schon bestehende Flusseinzugsgebiet im gesamten Raum verändert (Vgl. Gebhardt, H., Glaser H. & Schenk, W.: Geographie Deutschlands; S. 113ff).

2.   Geologische und geomorphologische Entwicklung des Südwestdeutschen Schichtstufenlandes

Die heutige Region des Südwestdeutschen Schichtstufenlandes war im Mesozoikum von einem Binnenmeer bedeckt, in dem die Umweltbedingungen über lange Zeiträume hinweg konstant blieben. Es entstand eine Ablagerung von Kalk.

Am Ende der Jurazeit begann sich der Meeresboden zu heben und folgend entstand die Albhochfläche. Dies basierte auf der Kollision der Afrikanischen Kontinentalplatte bzw. ihres Adriatischen Sporns mit der Eurasischen Platte. Dieser Prozess lässt sich an folgenden Faktoren belegen. Alle bisherigen Funde gehen eindeutig auf eine flachwellige Rumpfflächenlandschaft zurück. Durch einen Meteoriteneinschlag vor ca. 15 Millionen Jahren wurde die erste Schichtstufe unter den Riestrümmern der Fränkischen Alb freigelegt, welche nur eine geringe Höhe hatte. Anschließend wurde die Schichtstufe von dem damaligen Molassenmeer überflutet. Ab dem mittleren Miozän sprechen die klimatischen Vorraussetzungen für eine damit verbundene auflebende Hebung Süddeutschlands und akzentuieren die Stufenbildung sowie die Entstehung einer Strukturlandschaft. Die Entwicklung von Schichtstufen erfolgt nicht einheitlich zur gleichen Zeit. In den Hebungsgebieten bildeten sich Schichtstufen vorwiegend als Senkungszonen. Die Entstehung und Entwicklung des rheinischen Flusssystems war verantwortlich für die Zerschneidung der Flachlandschaft und der Herausmodellierung von markanten Stufenlandschaften (Vgl. Blümle, W.D., Eberle J., Eitel B. & Wittmann, P.: Deutschlands Süden – vom Mittelalter zur Gegenwart; S. 64 ff).

2.1 Entstehungsbedingungen der Schichtstufen

Existentielle Voraussetzung für die Entstehung von Schichtstufen ist die fallende Verlagerung der Schichten und die Schichtgrenze, die zwingend zwischen dem Stufenbildner und dem Sockelbildner an der Landoberfläche anstehen muss. Eine weitere wichtige Voraussetzung stellt auch die Dominanz von Erosion- und Denudationsprozessen dar, die abhängig von der Widerstandsfähigkeit des Gesteins der Sockel- und Stufenbildner ist.

Die Widerständigkeit des Stufenbildners lässt sich wie folgt gliedern. Zum einen ist die mechanische Gesteinshärte von Bedeutung, denn sie bestimmt den Grad der Verwitterungs- und Abtragungsvorgänge. Des Weiteren ist die hohe Porosität des Gesteins und die damit gegebene flächenhafte Durchlässigkeit relevant. Zum anderen trägt die Klüftigkeit und die dadurch entstehende linienhafte Durchlässigkeit zu der Widerständigkeit des Stufenbildners bei. Die einzelnen Vorgänge sind jeweils kombinierbar.

Die Eigenschaften des Stufenbildners kommen am stärksten zur Geltung wenn das darunter liegende Gestein des Sockelbildners gegenteilige Eigenschaften besitzt. Als Beispiel kann man das Ton- und Mergelgestein heranziehen, aus welchem der Sockelbildner besteht. Er ist mechanisch weicher als der Stufenbildner. Der obere Teil einer Schichtstufe wird vom Stufenbildner, welcher aus geomorphologisch hartem Gestein wie Kalk oder Sandstein, gebildet. Zum Stufenbildner zählen die Stufenflächen, sowie der steilste Abschnitt, der als Stufenhang bzw. Stufenstirn bezeichnet wird. Die Poren sind auf Grund des Tongehaltes zu eng, um durchlässig zu sein. Daraus ergibt sich für die Widerständigkeit bei stufenbildenden und sockelbildenden Gestein die Durchlässigkeit. Bei einer schnellen Infiltration von Wasser kann die Landoberfläche nicht abgetragen werden.

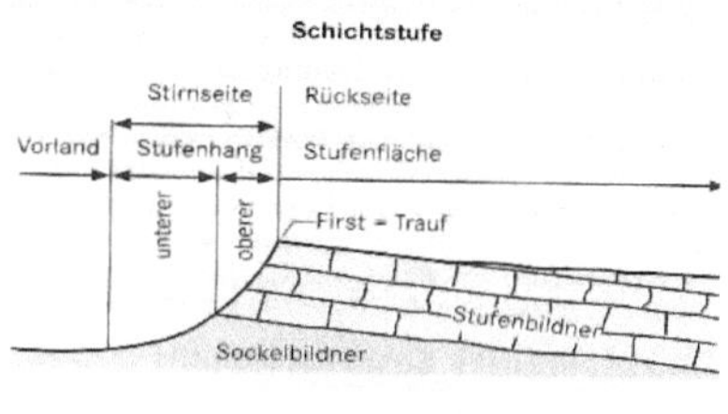

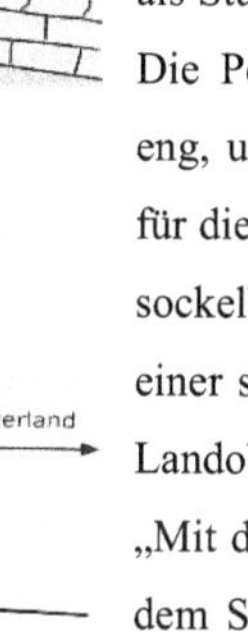

„Mit der Freilegung der Schichtgrenze zwischen dem Stufen- und Sockelbildner [...] beginnt die Differenzierung der Denudationsprozesse, die

Quelle: Gebhardt, H., Glaser, R., Radtke, U.& Reuber, P.: Geographie. Physische Geographie und Humangeographie S.324

dem Hang eine zweigliedrige Form verleiht und ihn zum Schichtstufenhang macht."[1] Auf der Landoberfläche des durchlässigen Stufenbildner versickert Niederschlagswasser in die Tiefe und wird dort als Grundwasser im darunter gelegenen Stufenbildner gespeichert. Der Sockelbildner fungiert als Wasserstauer angesichts seiner geringen Durchlässigkeit. Das gespeicherte Wasser tritt an der im Hang ausstreichenden Schichtgrenze in Schichtquellen aus und wird als Sickerwasser bezeichnet. Die Verwitterungsintensität wird durch die linienhafte Durchfeuchtung des Wasseraustritts gefördert. Die Durchfeuchtung fördert des Weiteren auch die denudativen Prozesse. Entlang „der Schichtgrenze entwickelt sich ein konkaver Hangbereich zwischen dem steilen Oberhang und dem flacheren Sockelhang der Schichtstufe."[2] Der obere Hangteil wird durch die Quell- und Sickerwasseruntergrabung unterschnitten und zu seiner Ausgangsposition zurück gedrängt, wodurch eine Versteilung entsteht. Durch rückschreitende Quellerosion und weitere Hangabtragungen verlagern sich nun auch die Quellen.

---

[1] Ahnert, F. (1996): Einführung in die Geomorphologie; Seite 299
[2] ebd. Seite 299

Die eigentliche Formgestaltung der Schichtstufen vollzieht sich an dem Stufenhang. Dies basiert auf der Widerständigkeit des Stufenbildners. Sie ist dort am geringsten gegen die Denudationsprozesse geschützt und somit eine gute Angriffsfläche für die Verwitterung. Die Stufenfläche hingegen ist sehr widerständig und das Wasser kann infiltrieren. Der Stufenhang hat eine geringe Widerstandsfähigkeit, sodass Wasser austreten kann.

Ein sehr langsamer Prozess ist die Quell- und Sickerwasseruntergrabung, die den Stufenhang versteilt und zugleich zurück drängt. Ein hingegen wesentlich schnell fortlaufender Prozess ist „die erosive Zerlegung des Stufenrandes durch Flüsse und Bäche."[3] Auf Grund der Eintiefung von querenden Tälern mit ihren Nebentälern werden Teile des Schichtstufenhangs abgetrennt. Dieser Prozess ereignet sich bis unter das Niveau der Schichtgrenze. Als Folge dessen werden tafelbergartige Formen, sogenannte Zeugenberge, charakterisiert. Zeugenberge definieren durch „ihr Vorhandensein die früher weitreichende Ausdehnung der Schichtstufen."[4]

Durch die darauffolgenden Denudationsprozesse bleibt später nur noch ein Zeugenbergsockel bestehen. Solche Zeugenberge kommen überwiegend nur von Schichtstufen mit sehr geringem Einfallswinkel der Schichten zustande (Vgl. Ahnert, F.: Einführung in die Geomorphologie; S.297 ff).

<u>2.2 Erdgeschichtliche Entwicklung und Schichtfolge</u>

Im kommenden Abschnitt soll die erdgeschichtliche Entwicklung und die Entstehung der Schichtfolge des Schichtstufenlandes analysiert werden.

Paläzoikum bis Trias:

Die vorhandenen Gesteinsverbände des Südwestdeutschen Schichtstufengebirges sind erdgeschichtlich betrachtet schon vor der Jura-Zeit entstanden. Das im Schwarzwald und Odenwald hervortretende Kristalline Grundgebirge bildete die Basis. Es entstand aus aufgestiegenem Magma. „Darüber lagern mehr als 2000 m mächtige Gesteine des Deckgebirges."[5] Das Südwestdeutsche Gebiet war in dieser Zeit bedeckt von einem Meer. Erst durch die variszische Gebirgsbildung, während intensiven Faltungsvorgängen im Unterkarbon und Perm, ist es zum Festland herausgebildet worden. Zurück blieb lediglich eine fossile Rumpffläche, auf der sich die Deckgebirgssedimente ablagerten.

Ende des Paläzoikums war die Landschaft weitestgehend eingeebnet und bildete das sogenannte Germanische Becken, mit seinen flachen und weiten, landschaftlichen und charakteristischen Eigenschaften. Im Mesozoikum – dem Erdmittelalter – wurden folgend die

---

[3] Ahnert, F. (1996): Einführung in die Geomorphologie; Seite 301
[4] ebd. 301
[5] Rosendahl, W. et al.(2008) : Schwäbische Alb. Wanderungen in die Erdgeschichte 18; Seite 10

Schichten des Trias sedimentiert. In der Untertrias bildeten sich Schluff- und Sandstein, sowie Konglomerate des Buntsandsteins durch Ablagerung von Fließgewässern bei einem damals sehr wüstenhaften Klima. In diesem Gebiet begann ein flaches Meer aus Norden einzudringen. Als Folge ergaben sich Muschelkalkablagerungen in der Mitteltrias. Am Ende der Mitteltrias und in der Obertrias kennzeichneten im Keuper festländliche Verhältnisse das Südwestdeutsche Gebiet, von den zeitweiligen Meereseinflüssen im tieferen und oberen Abschnitt wird abgesehen. Die Ablagerungen der Schwäbischen Alb waren überwiegend von Tonmergel- und Schlufftonsteine bestimmt.

Jura:

Vor 200 Millionen Jahren – im Jura – beeinflussten maritime Verhältnisse Südwestdeutschland, in der Form eines flachen, nur wenige 100 m tiefen Schelfmeeres. Dieses zog sich vor ca. 145 Millionen Jahren aus Südwestdeutschland in den Alpenraum zurück. Die ca. 600- 850 m mächtigen Sedimentablagerungen sind jedoch nahezu vollständig erhalten geblieben.

Mitte des 19. Jahrhunderts wurde der Schwäbische Jura in Schwarzer, Brauner und Weißer Jura untergliedert. In der heutigen Zeit werden diese Charakteristika mit den Namen Unter-, Mittel- und Oberjura bezeichnet. Unterjura hat eine 40-120 m mächtige und der Mitteljura eine von 140-280 m mächtige Schichtfolge. Diese zeigen typische Sedimentationszyklen auf. Beginnend mit feinkörnigen fossilarmen Tongesteinen, welche sich nach oben hin in grobkörnige, fossilreiche, sandig-kalkige und eisenodithische Bänke übergehen. Im Unterjura bilden sich Verebnungen auf Grund des harten Gesteins der Arietenkalk- und Posidonienschiefer-Formation. Im Gegensatz dazu besteht der Oberjura mit seiner 250-550 m Mächtigkeit aus Karbonatgestein, welches durch biochemische Ausfällung entstanden ist. Im unteren Abschnitt befindet sich geschichteter Mergel- und Kalkstein. Hingegen dazu liegen massige Kalk- und Dolomitsteine, sowie Kalkoolithe im oberen Bereich vor. „Parallel zu den geschichteten Karbonatsedimenten entwickelten sich häufig Schwamm-Stromatolith-Riffe."[6]

Am „Steilanstieg der Westalb und der Mittleren Alb bilden Kalk- und die Untere Felsenkalk- bzw. die Massenkalkformation markante, felsengeschmückte Stufen mit Verebnungen und Zeugenbergen."[7] In der Kreidezeit, nach dem Rückzug des Jura-Meeres, war das Gebiet der heutigen Schwäbischen Alb Festland. Mit der Heraushebung der Oberjura-Gesteine über das Meeresniveau setzte der Beginn der Verwitterung und Erosion ein. Als Folge dessen wurde ein Teil der obersten Schichten wieder abgetragen. Es kam zu einer beginnenden Verkarstung aufgrund von Karbonatlösungs- und Korrosionsprozessen.

---

[6] Rosendahl, W. et al.(2008) : Schwäbische Alb. Wanderungen in die Erdgeschichte 18; Seite 12
[7] ebd. Seite 12

Tertiär:

In dieser Zeit war ein vorwiegend mildes Klima charakteristisch für Südwestdeutschland, welches das bis heute beständige Känozoikum – Erdneuzeit – einleitet. Zuerst verdeckte eine fortschreitschreitende verkarstende Oberjura-Tafel Teile des Gebiets. Das bis heute andauernde tektonische Einsinken des Oberrheingrabens, die verstärkte Hebung und Schiefstellung des übrigen Gebirges sind grundlegende Voraussetzungen für die im Eozän eintretenden Verhältnisse Südwestdeutschlands. So bildet der Oberrheingraben eine „dauerhaft tief liegende Erosionsbasis."[8] Folgend konnte sich das rheinische Flusssystem schnell entwickeln. „Durch das Zurückweichen der Oberjura-Schichtstufe und die Umkehrung der Entwässerungsrichtung zum Neckar hin sind die Täler der ehemaligen Donau-Nebenflüsse [...] ihres Oberlaufs beraubt worden."[9] Die Täler wurden von den Flüssen abgetrennt. So verlagerte sich die Wasserscheide, welche das abfließende Wasser zwischen zwei Einzugsgebieten scheidet, sodass das Wasser in zwei unterschiedliche Richtungen fließt, von Rhein und Donau immer weiter nach Südosten, was ein negatives Phänomen für die Donau war.

Im voralpinen Senkungsgebiet lagert sich südlich der Albtafel Molasse ab, die eine riesige Mächtigkeit des kiesig-sandig-tonigen Abtragungsmaterials beinhaltet. Auch dort drang das Meer ein und die Sedimentation reichte im Oligozän und Miozän nach Norden hin bis auf die Albtafel. Selbst auf der Albhochfläche sind kleinere Rückstände von der oberen Meeresmolasse erkennbar.

Die Existenz kräftiger Flüsse wird durch die erhaltene Geröllablagerung der Älteren und Jüngeren Juranagelfluh auf der West- und Ostalb belegt. Im Obermiozän entwickelten sich die Flusssysteme der Aare-Donau. Dies war die existentielle Grundvoraussetzung für die Urdonau und ihrer bedeutendsten Nebenflüsse wie die Feldberg-Donau, Alpenrhein und Urbrenz. Ab dem Pliozän vor ca. 5 Millionen Jahren musste sich die Urdonau und ihrer Zuflüsse in den Oberjura einschneiden. Dies basierte auf der weitergehenden Aufkippung der Alb. Folglich wurde die Molassendecke und die obersten, geschichteten Oberjura-Gesteine komplett abgetragen. Dies war eine wesentliche Voraussetzung für eine tief in den Oberjura eingreifende Verkarstung. „Auf der Albhochfläche sind Rückstandssedimente aus der tertiär-zeitlichen Verwitterung der Oberjura-Gesteine zu finden."[10] Diese setzen sich aus der wenige Meter mächtigen Bohnerz-Formation zusammen, in deren Rückstandstone sich Eisen als Bohnerz angesammelt hat.

---

[8] Rosendahl, W. et al.(2008) : Schwäbische Alb. Wanderungen in die Erdgeschichte 18; Seite 14
[9] ebd. Seite 14
[10] ebd. Seite 15

Quartär:

Zu diesem Zeitpunkt setzte sich der Kampf um die Wasserscheide zwischen dem Rhein– und Donausystem weiter fort. Als Folge dessen zeigten sich Flussablenkungen wie die des Alpenrheins zum Hochrhein und die heutigen Flussversickerungen der oberen Donau zwischen Immendingen und Fridingen mit ihrer unterirdischen Anzapfung durch die Aach.

Im Pleistozän nahm die unterirdische Entwicklung des Karstsystems weiter ihren Lauf. Dieser Prozess war eng verknüpft mit der Vertiefung der Flüsse, besonders der Donau. Der Blautopf mit seiner im Unter- und Mittelpleistozän entwickelten Unterwasserhöhle ist solch ein Phänomen als Folge für die Zusammenhänge zwischen der Höhlenentstehung sowie den Fluss- und Landschaftsgebieten. Zu dieser Zeit konnte man auch eine zeitweilige Vergletscherung der Alb vorfinden. Infolge von Schnee- und Eisanhäufung bildeten sich an Nord- und Osthängen Firnmulden. Dies ist ein Indiz für die heutigen Trockentäler, die durch periodische Gewässer ausgeformt wurden. Folglich verstärkte sich durch den häufigen Wechsel zwischen Gefrieren und Auftauen an der Oberfläche die Abtragung, und Fließerden sowie Hangschutt wurden akkummuliert. Während der Eiszeit fand eine Lössablagerung statt und wurde später zu Lösslehm umgewandelt. Durch die Vergletscherung wurde das angeschnittene Donautal von oberhalb Sigmaringen bis zu Riedlingen mit Schmelzwasserschottern und Seesedimenten verschüttet. Dadurch war die Donau nach dem Abschmelzen des Gletschers gezwungen, ein neues Tal anzulegen.

„In Warmzeiten des Mittel- und Oberpliozän setzten sich in einigen Tälern, zum Beispiel obere Donau, an Karstquellen fossilführende Kalktuffe ab."[11] Eine Folge der letzten Eiszeit waren zahlreiche Bergstürze und seit dem Beginn des Neolithikum beeinflusste nicht nur die Natur das Relief, sondern auch der Mensch (Vgl. Rosendahl, W. et al.: Schwäbische Alb. Wanderung in die Erdgeschichte 18; S. 8 ff).

<u>2.3 Südwestdeutschland – die Schwäbische Alb – als Beispiel der Schichtstufenentwicklung</u>

Am Ende des Mesozoikums, vor 65 Millionen Jahren, dehnte sich vom Westrand Böhmens bis zu Westfrankreich und Südengland ein bis zu 2000 m mächtiges Schichtenpaket, aus Sedimentgestein, aus. Charakteristisch für dieses Gestein, welches aus Buntsandstein, Keuper und Muschelkalk bestand, war die unterschiedliche Widerständigkeit.

Im Zeitraum der späten Jura, jedoch mehr in der Kreidezeit, wurde das Schichtpaket wie ein breit reichender Schild sehr stark aufgewölbt. Diese Krustenbewegung setzt sich fort bis in die Tertiär- bzw. Quartärzeit. „Als Folge der Spannung in den Krusten brach der Scheitel des

---

[11] Rosendahl, W. et al.(2008) : Schwäbische Alb. Wanderungen in die Erdgeschichte 18; Seite 18

Gewölbes längs einer von Südsüdwest nach Nordnordost verlaufenden Achse."[12] Dadurch entstand der heutige Oberrheingraben zwischen Basel und dem Taunusrand bei Frankfurt am Main. Seine Bruchtektonik wurde durch die Faltung im Schweizer Jura verstärkt, auf Grund des enormen Drucks der alpinen Faltung.

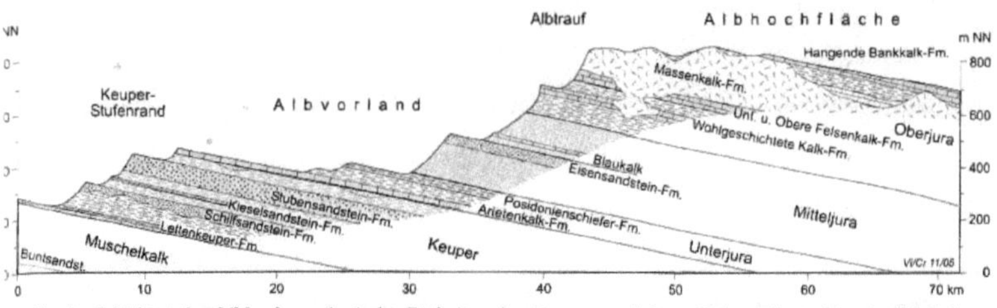

Abb. 1. Schichtstufen bildende geologische Einheiten im Keuper und Jura Südwestdeutschlands (20-fach überhöht). – Grafik: LGRB.

Quelle: Rosendahl, W. et al. (2008) : Schwäbische Alb. Wanderung in die Erdgeschichte 18; S.9

„Zu Beginn des Grabeneinbruchs im Alttertiär – Eozän – waren in der Achse der Aufwölbung noch alle Sedimentgesteine bis zum Jura vorhanden."[13]

Durch die Freilegung der großen Bruchstufen, die am Abhang des Grabenrandes entstanden, wurden mesozoische Schichten und die dazwischen liegende Schichtgrenze freigelegt, sodass eine ganze Folge von Schichtstufen entstehen konnte. Am Zeitigsten entwickelte sich die „Stufe des zuoberst gelegenen Stufenbildners, der Mal- oder Weißjurakalke."[14] Seit Beginn des Tertiärs kann man eine, nicht immer konstante, Rückverlegung der Weißjura-Schichtstufe verzeichnen. Der Rückgang des Weißjurakalkes von dem Rand des Oberrheingrabens schuf genug Raum, für die Rückverlegung des nächsttieferen Stufenbildners, der Kalk- und Sandsteinschichten des mittleren Juras (Dogger oder Braunjura). Malm- oder Weißjurakalke bildeten eine fast durchgehende Schichtstufe, die der hohen Schwäbischen und Fränkischen Alb. Hohe Zeugenberge lassen sich vor dem Albrand auffinden, darunter der Hohenstaufen und der Zollenberg. Die Grenze der Schwäbischen und Fränkischen Alb bildet das Nördlinger Ries, welches durch einen Meteoriteneinschlag im Miozän entstanden ist.

Die Braunjura bildet die Vorlandschaftsstufe, die charakteristisch niedriger ist als die Alb und nicht weit von ihrem Fuß entfernt ist.

Die stufenbildenden Sandsteine des Keupers bilden eine unterschiedliche Widerständigkeit und variieren regional. Als Folge dessen ist dieses Gestein nur in Teilgebieten mächtig genug für die Bildung einer Schichtstufe. Unterer und oberer Muschelkalk bilden Schichtstufen

---

[12] Ahnert, F. (1996): Einführung in die Geomorphologie; Seite 301
[13] ebd. Seite 301
[14] ebd. Seite 302

überwiegend dort, wo „vor der Stufe ein parallel zu ihr verlaufendes Tal liegt"[15], welches die Ausräumung des Stufenvorland intensiviert. Die unterste Stufe besteht aus Buntsandstein und bildet die Grenze gegen das Verbreitungsgebiet der kristallinen Gesteine des paläzoischen Grundgebirges. Kennzeichnend für diese Stufe ist ihr kontinuierlicher Verlauf.

Die „Basis des Süddeutschen Schichtstufenlandes ist eine paläzoische fossile Rumpffläche, auf der die Deckgebirgssedimente abgelagert wurden. [...] Durch die Rückwanderung der Bundsandsteinstufe bzw. der Abtragung der permischen Schicht wird diese alte Landschaftsoberfläche"[16] exhumiert bzw. freigelegt.

Zwischen den vorhandenen Stufenbildnern befinden sich mehr oder weniger mächtige Schichten von Sockelbildnern. Diese weisen heute eine speichenähnliche Verteilung der Schichtstufen vor, dessen Angelpunkt am Südostende des kristallinen Schwarzwaldes liegt, denn dort laufen alle Stufen eng zusammen. Auffallend ist, dass die Buntsandstein- und Malmstufe stellenweise nur 20 km voneinander entfernt sind.

„Symmetrisch zum rechtsrheinischen Schichtstufenland erstreckt sich das linksrheinische vom Pfälzerwald und den Nordvogesen nach Frankreich."[17] (Vgl. Ahnert, F.: Einführung in die Geomorphologie; S.301 ff).

Diese geschichteten Stufen lassen sich anhand der Abb.1 erkennen.

2.4 Besonderheiten der Karstlandschaften

Wie in der Einleitung erwähnt ist die Schwäbische Alb das größte Karstgebiet Mitteleuropas. „Karst ist ein Oberbegriff für Formen, die durch Lösungsverwitterung entstehen."[18] Für die Bildung von Karstformen sind drei Voraussetzungen maßgeblich. Zum einem sind Karstformen „gesteinsabhängige Formen, die am Besten in ganzjährig feuchten Klimaten entwickelt sind."[19] Sie basieren am häufigsten auf Kalken, woraus sich die zweite Voraussetzung ergibt. Kalk wird durch chemische Verwitterung angegriffen und dadurch gelöst. Das Kalkgestein setzt sich nur zu einem geringen Anteil aus unlösbaren Bestandteilen zusammen. Zum anderen ist für die Entstehung von Karstformen die Durchlässigkeit maßgebend. Karstgebiete haben keinen Oberflächenabfluss auf Grund einer rapiden Infiltration des Wassers bis hin zum Grundwasser. Dies basiert angesichts des hohen Anteils an unlösbaren Bestandteilen, da die Poren infolge der Ablagerung an der Gesteinsoberfläche verstopft sind. Dieser Prozess führt zu einer Behinderung der Karstentwicklung.

---

[15] Ahnert, F. (1996): Einführung in die Geomorphologie; Seite 304
[16] ebd. Seite 304
[17] ebd. Seite 304
[18] ebd. Seite 25
[19] ebd. Seite 311

Die Karstlandschaft weist drei Besonderheiten unterschiedlicher Entwicklungen auf.

Es entstehen Trockentäler durch Tiefenerosion eines Baches oder Flusses. Sie haben daher eine linienhafte Hohlform. Ursache für solch eine Besonderheit ist die fortschreitende Karstentwicklung. Des Weiteren können Dolinen entstehen, welche durch eine trichterförmige Oberflächenform gekennzeichnet sind. Sie entstehen durch den Einsturz von Höhlen oder durch Lösungs- und Spülvorgänge an der Oberfläche. Eine weitere Karstentwicklung sind Karsthöhlen, die durch unterirdische, allmähliche Ausweitung von Hohlräumen durch Lösung des Gesteins entstehen. Auf diese Art und Weise entwickeln sich Tropfsteinhöhlen. Sie basieren auf einer Bildung von eiszapfenartigen, nach unten hängenden, Stalaktiten und kegelförmigen Kalkgebilden, den Stalakmiten. Für die Bildung dieser prägnanten Besonderheit ist kalkhaltiges Wasser vorraussetzend (Vgl. Ahnert, F.: Einführung in die Geomorphologie S. 25 und S. 311 ff).

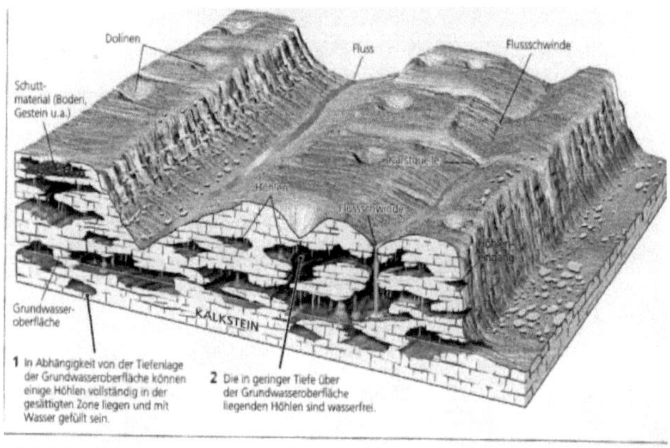

Abb. 17.19 Typische Erscheinungsformen der Karstmorphologie sind Höhlen, Dolinen und im Untergrund versickernde Flüsse.

Quelle: Grotzinger, J., Jordan T.H., Press F.& Siever R. (2008): Allgemeine Geologie; S. 480

Der Verlauf des Wassers und die eben beschrieben Besonderheiten lassen sich in der Abb. 17.19 erkennen.

3. Hydrologische Entwicklung der Donau „Kampf um das Wasser"

3.1 Allgemeine Entwicklung der Donau

Die Vermutung, dass die Donau eine Quelle hat, lässt Fragen offen. In Folge dessen kann man die genau Länge der Donau, angesichts ihrer ungleichen Quellen, nicht definieren. Seit jeher wird über die eigentliche Quelle gestritten und diskutiert. Im geographischen Sinne betrachtet ist der Ursprung mit der größten Entfernung zur Mündung maßgebend. An diesem Zusammenhang muss sich jedoch die Quelle mit der größten Entfernung ihren Platz mit einer weiteren, die etwas 30 km Luftlinie entfernt liegt, teilen. Diese Auslegung geht auf die dort lebende Bevölkerung zurück, denn sie haben sich auf eine bürgerliche und eine fürstliche Quelle geeinigt. Geographen versuchten eine Lösung zu finden und benannten eine dritte Urfassung und zwar dort, wo die Brigach und die Breg zusammenfließen.

Die zeitgeschichtliche Entwicklung der Donau beginnt im Obermizozän. Die Ur-Donau floss grundsätzlich auf der heutigen Flächenalb. Nur wenige Schotterfelder liegen auf der Schichtfläche der unteren Jurakalke. Der Ur-Rhein trat bei Ehingen zur Donau hinzu, worauf hin die Feldberg-Donau ihre Bedeutung verlor, basierend auf der geringen Erosionstätigkeit. „Die Ur-Donau floss in einem flachen und breiten, im Wesentlichen wohl in die Molasse eingeschnittenen, Tal."[20]

Im darauf folgenden Pliozän und Pleistozän entstand das Schichtstufen- und Druchbruchstal zwischen der Geisinger Pforte und Sigmaringen-Scheer, durch die erfolgte Tiefenerosion und das Zurückweichen des Albtraufs. Das Obere Donautal verzeichnete Einschnitte von 140-120 m im Pliozän und 50-40 m im Pleistozän. Die Eintiefung ereignete sich als Folge der Albaufkippung. Kennzeichnend für diesen Prozess ist die Höhenlage der Schotterfelder und die Verstellung der Klifflinie. „Die Südwestalb um Geisingen-Tuttlingen liegt tektonisch 400 m höher als die Riesalb."[21]

Die nachkommende postobermiozäne Erosionsperiode kennzeichnet sich von oben nach unten steigernd mit den Geröllgrößen aus. Unstetige Tiefenerosionen markieren die übereinander gestaffelten Felsterrassen. Der Verlust der Ur-Aare bildet sich in den Talformen und den Schottern ab. „Die Aare ging der Donau demnach 90 m - geltend für das Durchbruchstal - über der Tuttlinger Talsohle verloren."[22]

Das Donaudurchbruchstal ist der erste Großabschnitt der Donau. Hingegen folgt die Donau im zweiten Großabschnitt der Grenze zwischen der Alb und dem Alpenvorland.

---

[20] Dongus, H. (2000): Die Oberflächenform Südwestdeutschlands; Seite 37
[21] ebd. Seite 37
[22] ebd. Seite 37

In der Mindeleiszeit floss die Donau durch die Alb zwischen Scheer und Ulm. Folgend verlief sie in der prärißeiszeitlichen Periode durch das Tal von Kirchen und Ehningen nach Ulm. Da der Schelklinger Berg ein Durchbruchsberg war, wurde er nicht von der Donau umflossen. Das Talstück, welches zum Umfließen voraussetzend gewesen wäre, wurde von der Donau nie in Anspruch genommen.

Die Entwicklung fing mit einem „Vorstoß des risseiszeitlichen Rheingletschers"[23] an. Durch die mächtigen Gletscherzungen wurde die Donau von ihrem eigentlichen Lauf abgelenkt und suchte sich immer wieder eine neue Route bis sie am heutigen Donautal über den Durchlass zwischen Daugendorf und Bechingen angelangt war.

In der Mittelriß-Eiszeit stieß der Rheingletscher weiter vor, wodurch die pärißzeitliche Rinne zugeschüttet wurde und die Donau sich zwischen Vilsingen und Riedlingen zu stauen begann. Sie hatte eine Stauhöhe von 684 m. Der Gletscher dieser Eisperiode begann zu schmelzen und es entstand eine neue Ablachrinne. Die verschütteten Täler wurden nicht mehr ausgeräumt, sodass die Donau zu ihrer neuen Ablachrinne hinfloss. Auf diese Weise entstand das Donautal von Scheer bis Unlingen.

Die Wutach, auch Feldbergdonau bezeichnet, entwickelte sich als Zufuhrrinne der Juranagelfluh. Beginnend vom mittleren Obermiozän an bildete sie den „Schwarzwaldquellfluss der Donau und vertiefte ihr Tal bis zur Würmeisszeit um 220 m."[24]

Vom Pliozän an führte der enorme Gefälleunterschied zwischen der rheinischen Erosionsbasis und dem Oberrheingraben (200 m) und der Geisinger Pforte (670 m) zu rheinischen Eingriffen in das danubische System, welches jedoch nicht ganz zerstört wurde.

Die Wutach entwässert zudem den östlichen Teil des Schwarzwaldes und war einer der bedeutendsten Wasserlieferanten der Donau.

Das Donautal lässt sich in zwei bedeutende Abschnitte gliedern. Zum einen hat sie ein eigenes und tiefes Durchbruchstal und zum anderen ein breites und flaches Tal, welches an Alb und Alpenvorland grenzt. Die Durchbruchsform entstand auf Grund des Einschnittes der Donau und die gleichzeitige Zurückverlegung des Stufenrandes. Die Form des Durchbruchstal ist von hartem bzw. weichem Gestein abhängig. Daher verengt sich in den Unteren Weißjurakalken das Tal immer weiter und beginnt zu mäandrieren. Die Verengung ist auf die Braunjuratone und die Untere Weißjuramergel zurückzuführen, welche sich unter die Donautalsohle einstreichen. Der erste Großabschnitt des Donautals bildet die enge Felsenstrecke des oberen Donautals. „Die über 200 m hohen, schuttverkleideten Talwände, tragen in den Mittleren und Oberen Weißjurakalken mehrstöckige Felsenkränze und

---

[23] Dongus, H.(2000): Die Oberflächenform Südwestdeutschlands; Seite 38
[24] ebd. Seite 39

geröllbestreute Felsterrassen."[25] Im Talrelief zeichnet sich der Verlust der Aare ab, denn bei einer Talhöhe von 90 m über der Sohle ist das Tal noch verhältnismäßig weit.

Im Mittleren- und Jungpleistozän entstand der zweite Großabschnitt des Donautals. Ein 2 - 3,5 km breites und nur etwas 50 m eingeschnittenes Tal wurde ausgeräumt und flussabwärts verbreiterte sich das Donautal sogar auf 4 - 5km.

Im mittleren Pliozän wurde die Doubs und die Aare „zum Oberrheingraben und Rhônegraben umgelenkt. Dadurch ging das westalpine Einzugsgebiet der Donau verloren (Vgl. Dongus, H.: Die Oberflächenform Südwestedeutschlands. Geomorphologische Erläuterung zu Topographischen und Geologischen Übersichtskarten; S. 35 ff, S. 154 f).

<u>3.2 Das Abflussregime der Donau</u>

Das Abflussregime der Donau ist jahreszeitlich begrenzt. Die Abflussmenge wird von zwei Faktoren beeinflusst, zum einen durch die Niederschlagsmenge und zum anderen durch die Schneeschmelze und variiert dadurch. Die Donau weist ein komplexes Abflussregime auf, das sie durch zwei Faktoren, nämlich Schnee und Regen, an Wassermenge gewinnt. In den Sommermonaten wird der Wasserstand des Flusses durch die alpinen Zuflüsse stark beeinträchtigt. In den Wintermonaten hingegen ist ein Höchststand des Wasserstandes in Folge der geringen Temperaturen und der damit verbunden kaum existierenden Verdunstung, zu verzeichnen. Durch die Mäander der Donau, welche weit ausschwingende Flussschleifen darstellen, entwickelt sich eine Asymmetrie des Flussbettquerschnitts. Typische Indizes für dieses Bild sind die Prall- und Gleithänge. An den Prallhängen wird angesichts der dort vorliegenden höheren Fließgeschwindigkeit das vorhandenen Material erodiert. Am Gleithang kommt es jedoch zu einer Sedimentablagerung. Bei einer Schneeschmelze weist die Donau eine hohe Fließgeschwindigkeit auf. Durch das Schleifental der Donau konnte, auf Grund dessen die hohe Wassermenge nicht schnell genug abfließen, was eine Überflutung des Umlandes zur Folge hatte. Als Problemlösung sah man eine Begradigung der Donau und eine Absenkung ihres Flussbettes vor. Ein weiterer Grund für die heutige geringe Wasserführung der Donau liegt in den ausgeprägten Karstlandschaften (Vgl. Maier D.: Die Donau. Die Schwäbische Alb von der Quelle bis Ulm; S.18; Raczkowsky, B.: Lexikon Erdkunde. Geographische Grundbegriffe; S.1).

---

[25] Dongus, H. (2000): Die Oberflächenform Südwestdeutschlands; Seite 154

Das Flüsse sich tief in Täler einschneiden, lässt sich auf die vergangenen tektonischen Aktivitäten zurückführen. So zapfte der Ur-Rhein die Aare, angesichts einer Tieferlegung der Erosionsbasis, an. Die Aare floss im Jungtertiär zur Donau hin, änderte ihren Verlauf jedoch, zwischen dem Tertiär und dem Quartär, zu dem Rhônegraben hin. Der Rhein vergrößerte sein Einzugsgebiet durch die Talerosion und hat somit ein größeres Fließgefälle. Ab dem Ende des Pleistozäns zapfte der Rhein die Wutach an. Dieser Prozess entstand durch das höhere Fließgewässer des Rheins, was zu einer stärkeren Erosion an der Wasserscheide führte. Das Flussgefälle der Donau war zur gleichen Zeit viel geringer. Dies ist auf die wenigen Zuflüsse zurückzuführen. Die Donau verlor zum Beispiel den Zufluss Neckar.

Durch rückschreitende Erosion werden die Flusstäler weiter vergrößert, was dazu führt, dass sich die Wasserscheide, welche eine Grenzlinie für die Einzugsgebiete zweier Flusssysteme bildet, auf Kosten ihrer Nebenflüsse verlagert. Dieser Prozess findet oftmals in Verbindung mit einer Flussanzapfung statt. Diese Vorkommnisse der Flussanzapfung sind ein sehr langsamer Werdegang und mit der Zeit nimmt der Fluss so eine neue Richtung ein.

In den Karstlandschaften erfolgt Flussanzapfung unterirdisch, basierend auf dem Höhlen- und Kluftsystem (Vgl. Blümle, W.D., Eberle J., Eitel B. & Wittmann, P.: Deutschlands Süden – vom Mittelalter zur Gegenwart; S. 74; Grotzinger J., Jordan T.H., Press F.& Siever R.: Allgemeine Geologie; S. 73; Raczkowsky, B.: Lexikon Erdkunde. Geographische Grundbegriffe; S. 60).

Durch die einsetzende Verwitterung und die daraus entstehende Abtragung bildete sich „ein von Klüften, Spalten und Hohlräumen verbundenes unterirdisches Netzwerk."[26] Oberirdisch entstanden im Gegenzug Höhlen, die auch von Menschen genutzt worden sind.

Heute wirkt die Donau eher spärlich und fließt in einem viel zu großen Tal, welches sie anhand ihrer heutigen geringeren Mächtigkeit nicht geschafft haben kann. Dieses Tal findet seinen Ursprung vielmehr in der Ur-Donau. Sie entwässerte im Tertiär die Gebiete der Nordschweiz und der Feldbergregion, was bezeugt, dass die Ur-Donau, auch Aare-Donau genannt, ein enormer Strom war. Das Durchbruchstal bei Beuron, mit einer Tiefe von 200m, ist durch die Aare-Donau entstanden. Durch rückschreitende Erosion aus dem Gebiet des heutigen Oberrheintals hat später der Ur-Rhein die Donau angezapft und damit ist auch ihr Quellfluss, die Aare, verloren gegangen.

---

[26] Quade, Horst et. al.: Faszination Geologie. Die bedeutendsten Geotope Deutschlands; Seite 123

Die geringe Wasserführung der Donau basiert auf den Karsterscheinungen. 90% des Wassers, welches aus dem Aachtopf austritt, stammt aus einer der drei Hauptversickerungsstellen Immendingen, Möhringen und Friedingen.

1877 wurde ein wissenschaftlicher Nachweis, mit der Eingabe von 10 t Kochsalz in das Flussbett der Donau, im Bezug auf die Versickerung am Aachtopf vollzogen. Im Jahr 1969 fanden durch das Geologische Landesamt Baden-Württemberg Färbeversuche statt, die zu dem gleichen Ergebnis führten.

„Das zeitweise Verschwinden der Donau in diesem Flussbett und der Wiederaustritt des Wassers am Aachtopf"[27] lassen sich anhand der geologischen Struktur des Reliefs erklären.

Bei Immendingen verläuft das Flussbett der Donau in den verkarsteten Kalksteinen der Jura-Zeit. Über ein noch „unbekanntes unterirdisches Abflusssystem gelangt das Wasser in nur 20 bis 30 Stunden zum 12 km südlich und etwas 180 m tiefer gelegenen Aachtopf."[28]

Im Sommer ist ein völliges Trockenlegen der Donau nicht auszuschließen. Die Anzahl der trockenen Tage hat sich bereits erhöht. Dies basiert auf folgenden Ursachen: erstens lässt sich in diesem Gebiet eine zunehmende Verkarstung nachweisen, wodurch immer mehr Wasser verschwindet. Durch chemische Prozesse werden immense Mengen an Kalk in dem Gestein gelöst, was folglich zur Bildung von unterirdischen Hohlräumen führt. Zweitens stellt ein Hinweis für die unterirdische Kalklösung auch die zunehmende Wasserhärte dar. Die trichterförmigen Einbrüche im Flussbett sind ein sichtbarer Indiz für die an der Oberfläche auftretende Verkarstung. Eine weiterer dritter Grund sind die geringen Zuflüsse der Donau (Vgl. Geyer, M.& Münchberg, C.: Der Kampf um das Wasser – Das Durchbruchstal der Oberen Donau. In: Look, E.-R.& Quade, H.: Faszination Geologie. Die bedeutendsten Geotope Deutschlands; S.123 f).

Zusammenfassend lässt sich feststellen, dass das Südwestdeutsche Schichtstufengebiet und die Donau ein eindrucksvolles Relief mit hydrologischen, geomorphologischen und morphologischen Besonderheiten bildet.

---

[27] Quade, H. et. al.: Faszination Geologie. Die bedeutendsten Geotope Deutschlands; Seite 124
[28] ebd. Seite 124

4.   Literaturverzeichnis

Ahnert, F. (1996): Einführung in die Geomorphologie.

Blümle, W.D., Eberle, J., Eitel, B. & Wittmann, P. (2007): Deutschlands Süden – vom Mittelalter zur Gegenwart.

Dongus, H. (2000): Die Oberflächenform Südwestdeutschlands. Geomorphologische Erläuterung zu Topographischen und Geologischen Übersichtskarten.

Geyer, M. & Münchberg, C. (2007): Der Kampf um das Wasser – Das Durchbruchstal der Oberen Donau. In: Look, E.-R.& Quade, H.: Faszination Geologie. Die bedeutendsten Geotope Deutschlands. S.123 f.

Gebhardt, H., Glaser, H. & Schenk, W. (2007): Geographie Deutschlands.

Gebhardt, H., Glaser, R., Radtke, U. & Reuber, P. (2007): Geographie. Physische Geographie und Humangeographie.

Grotzinger J., Jordan, T.H., Press, F. & Siever, R. (2008): Allgemeine Geologie.

Hanle, A. (1988): Blickpunkte Baden-Württemberg. Meyers geographischer Führer zur Naturschönheiten.

Maier, D.: Die Donau. Die Schwäbische Alb von der Quelle bis Ulm.

Raczkowsky, B. (2001) : Lexikon Erdkunde. Geographische Grundbegriffe.

Rosendahl, W. et al. (2008) : Schwäbische Alb. Wanderung in die Erdgeschichte 18.

Stiftung Landesgirokasse: Das Tal der Oberen Donau. Heft 19.

Internetquelle:

http://www.welt-atlas.de/datenbank/karten/karte-0-9005.gif

5.   Anhang

Geologische Zeittafel				Millionen Jahre
PHANEROZOIKUM				
KÄNOZOIKUM	QUARTÄR		HOLOZÄN	0.01
			PLEISTOZÄN	1.75
	TERTIÄR	NEOGEN	PLIOZÄN	5.3
			MIOZÄN	23.8
		PALÄOGEN	OLIGOZÄN	33.7
			EOZÄN	54.8
			PALEOZÄN	65
MESOZOIKUM	KREIDE		OBERE	99
			UNTERE	142
	JURA		MALM	159
			DOGGER	180
			LIAS	206
	TRIAS		OBERE	227
			MITTLERE	242
			UNTERE	248
PALÄOZOIKUM	JUNG-	PERM	OBERE	256
			UNTERE	290
		KARBON	OBERE	323
			UNTERE	354
	ALT-	DEVON	OBERE	370
			MITTLERE	391
			UNTERE	417
		SILUR	OBERE	428
			UNTERE	443
		ORDOVIZIUM	OBERE	438
			MITTLERE	470
			UNTERE	495
		KAMBRIUM	OBERE	505
			MITTLERE	518
			UNTERE	545
PROTEROZOIKUM				2500
ARCHÄIKUM				4600

Quelle: http://www.geologie.ac.at/RockyAustria/images/Zeittafel2.jpg